Latuofa Jiance Hunningtu Kangya Qiangdu Jishu Guicheng

拉脱法检测混凝土抗压强度技术规程

云南云岭高速公路工程咨询有限公司
云南省公路开发投资有限责任公司 编

图书在版编目(CIP)数据

拉脱法检测混凝土抗压强度技术规程 / 云南云岭高速公路工程咨询有限公司，云南省公路开发投资有限责任公司编. — 北京 ：人民交通出版社股份有限公司，2016.1

ISBN 978-7-114-12780-9

Ⅰ. ①拉… Ⅱ. ①云… ②云… Ⅲ. ①混凝土—抗压强度—检测—技术操作规程 Ⅳ. ①TU528-65

中国版本图书馆 CIP 数据核字(2016)第 012261 号

云南省地方标准

书　　名：**拉脱法检测混凝土抗压强度技术规程**

著 作 者：云南云岭高速公路工程咨询有限公司　云南省公路开发投资有限责任公司

责任编辑：郭红蕊　韩亚楠

出版发行：人民交通出版社股份有限公司

地　　址：(100011)北京市朝阳区安定门外外馆斜街 3 号

网　　址：http://www.ccpress.com.cn

销售电话：(010)59757973

总 经 销：人民交通出版社股份有限公司发行部

经　　销：各地新华书店

印　　刷：北京鑫正大印刷有限公司

开　　本：880 × 1230　1/16

印　　张：1.5

字　　数：45 千

版　　次：2016 年 1 月　第 1 版

印　　次：2016 年 1 月　第 1 次印刷

书　　号：ISBN 978-7-114-12780-9

定　　价：20.00 元

目　次

前　言

本标准按照 GB/T 1.1—2009《标准化工作导则　第1部分:标准的结构和编写》给出的规则起草。

本标准由云南省交通运输厅提出。

本标准由云南省交通运输标准化技术委员会(YNTC13)归口。

本标准主要起草单位:云南云岭高速公路工程咨询有限公司、云南省公路开发投资有限责任公司。

本标准主要起草人:温树林　李志坚　李文军　刘胜红　成会琴　谭昆华　孙继佳　李　渊　夏饶锁　李兴民

引　言

混凝土结构物因施工或其他原因引起的混凝土强度不足，将会使结构的承载能力下降，同时使结构的抗裂、抗渗等耐久性降低。目前，常用混凝土强度检测技术有无损检测和破损检测。无损检测操作方便，但检测结果误差较大；破损检测精度较高，但存在工序多、操作不便、对结构损伤性大等缺点。如何在微破损的情况下快捷、准确地对混凝土结构物本体强度做出判定，成为影响混凝土强度检测的关键性问题。为此，云南云岭高速公路工程咨询有限公司与中国建筑科学研究院合作开展新微破损强度检测方法——“拉脱法”在云南省的适用性研究。通过对云南省不同地区混凝土标准试件进行“拉脱—抗压”试验验证，建立了云南省“拉脱法混凝土测强曲线”与“拉脱法检测混凝土抗压强度换算表”。该检测方法大大提高了现场处理问题的效率，降低了劳动强度，由此产生的技术和经济效益十分显著。

本文件的发布机构提请注意，声明符合本文件时，可能涉及有关拉脱法检测方法及仪器的相关专利使用。

本文件的发布机构对于该专利的真实性、有效性和范围无任何立场。

该专利权持有单位已向本文件的发布机构保证，愿意同任何申请人在合理且无歧视的条款和条件下，就专利授权许可进行谈判。该专利权持有单位的声明已在本文件发布机构备案。相关信息可以通过以下方式获得：

专利权人：建研科技股份有限公司　深圳中建院建筑科技有限公司

地址：深圳市南山区高新科技园富诚科技大厦七层

联系电话：0755-86022725

联系人：朱跃武

请注意除上述专利外，本文件的某些内容仍有可能涉及专利。本文件的发布机构不承担识别这些专利的责任。

拉脱法检测混凝土抗压强度技术规程

1 范围

本规程规定了拉脱法检测混凝土抗压强度技术的拉脱装置、检测技术、测量及计算、结构或构件混凝土抗压强度换算与推定。

本规程适用于混凝土抗压强度在10.0MPa～100.0MPa的普通、高强混凝土结构或构件的检测。

2 规范性引用文件

下列文件对于本文件的应用是必不可少的。凡是注日期的引用文件，仅注日期的版本适用于本文件。凡是不注日期的引用文件，其最新版本(包括所有的修改单)适用于本文件。

GB 175 通用硅酸盐水泥
GB 8076 混凝土外加剂
GB/T 14684 建设用砂
GB/T 14685 建设用卵石、碎石
GB/T 50081 普通混凝土力学性能试验方法标准
JG 237 混凝土试模
JTG/T F50 公路桥涵施工技术规范

3 术语和定义

下列术语和定义适用于本文件。

3.1

拉脱法

在已硬化的混凝土结构或构件上，钻制直径44mm、深度44mm的芯样试件，用具有自动夹紧试件的装置进行拉脱试验，根据芯样试件的拉脱强度值推定结构混凝土抗压强度的方法。

3.2

测点

按本规程要求取得检测数据的检测点。

3.3

测点混凝土强度换算值

由测点的拉脱强度值经测强曲线换算或测点强度换算表得到相应检测龄期的混凝土抗压强度值。

3.4

混凝土强度推定值

相应于强度换算值总体分布中保证率为95%的构件现龄期混凝土强度值。

4　拉脱装置

4.1　技术要求

4.1.1　拉脱法检测装置由钻芯机、金刚石钻磨头(图1)、拉脱装置(图2)组成。

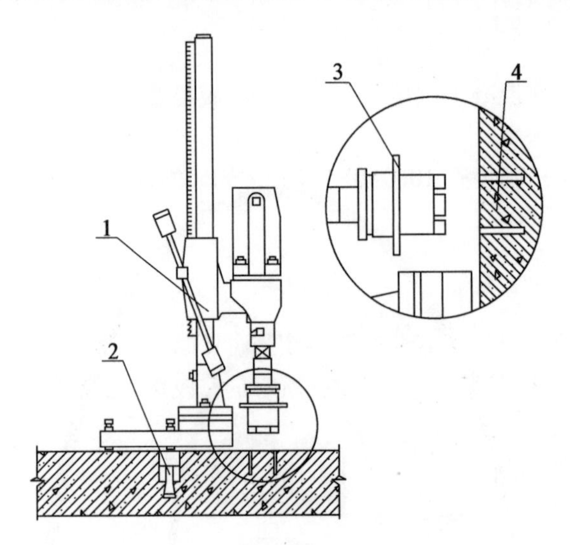

图1　钻芯机及金刚石钻磨头示意图

1-钻芯机;2-锚固螺栓;3-金刚石钻磨头;4-芯样试件。

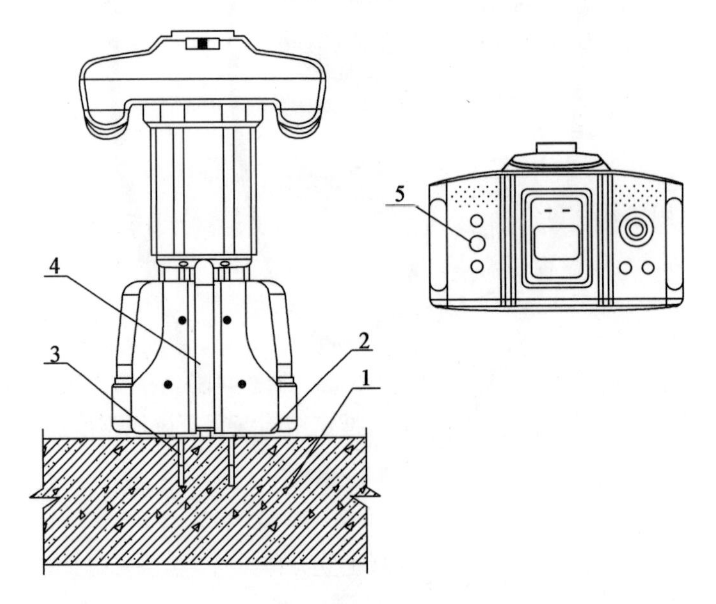

图2　拉脱装置示意图

1-被测混凝土;2-力臂杆;3-三爪夹头;4-反力支撑;5-控制面板。

4.1.2　钻芯机应符合下列要求:

a)　具有足够的刚度,操作灵活,固定和移动方便;

b)　应有水冷却系统;

c)　应配置漏电保护装置、深度标尺,底盘设置锚固孔和试件定位框;

d)　齿轮箱宜采用耐高温润滑脂。

4.1.3　金刚石钻磨头应符合下列要求:

a） 内径为44mm±1mm，外径为54mm±1mm；

b） 应设置钻取深度为44mm±1mm的磨平反力面的定位装置。

4.1.4 拉脱装置应符合下列要求：

a） 拉脱装置应具有对试件自动调节径向夹紧力的功能；

b） 拉脱装置测力系统应由传感器和具有实时显示、超载显示及峰值保持功能的荷载表组成。荷载表的分辨率及最小示值应不大于1N，满量程测试误差应不大于1.0%。

4.1.5 拉脱装置使用时的环境温度应为－10℃～45℃。

4.2 检定/校准与保养

4.2.1 钻制拉脱试件及测量的主要设备与仪器均应有产品合格证，计量器具应有检定或校准证书，并在有效期内使用。

4.2.2 拉脱装置测力系统应参照JJG 455《工作测力仪检定规程》定期进行检定/校准，测力系统检定/校准记录表参见本规程附录A，检定/校准周期不应超过一年。

当拉脱装置有下列情况之一时，应进行检定/校准：

a） 新拉脱装置启用前；

b） 超过检定有效期限；

c） 拉脱装置出现工作异常；

d） 拉脱装置累计使用3 000次；

e） 遭受严重撞击或其他损害等。

4.2.3 拉脱装置使用完毕应关闭电源，清洁干净后装箱放置在阴凉干燥处。

5 检测技术

5.1 拉脱测点的布置及试件钻制

5.1.1 构件的测点布置应满足下列规定：

a） 拉脱检测点宜选结构或构件混凝土浇筑方向的侧面，如不具备时也可采用顶面。测试时应保持拉脱装置的轴线垂直于混凝土检测面，应避开钢筋、预埋件和管线等；

b） 相邻拉脱测点的间距不宜小于300mm，距构件边缘应不小于100mm；

c） 拉脱测点布置在便于钻芯机安放与操作的部位，测试面应清洁、干燥、密实，不应有接缝、施工缝，并避开蜂窝、麻面部位。

5.1.2 拉脱试件应在结构或构件的下列部位钻制：

a） 结构或构件受力较小的部位；

b） 混凝土强度具有代表性的部位。

5.1.3 钻芯机安放平稳，固定牢固。如需在混凝土立方体试件上钻制拉脱试件时，应将试件放置在钻机底座定位框里。

5.1.4 钻制时均匀施力，匀速钻进。钻制时用于冷却钻头和排除混凝土碎屑的冷却水流量应控制在3L/min～5L/min。

5.1.5 钻制完毕后应切断电源，及时冲洗拉脱试件表面泥浆，并将钻芯机擦拭干净。

5.1.6 在结构或构件上进行拉脱法试验后，留下的孔洞应及时采用同强度或高一个等级的材料进行修补。

5.1.7 钻制拉脱试件操作时，须遵守安全生产和劳动保护的有关规定。

5.2 拉脱试验

5.2.1 拉脱试件应处自然风干状态，试验前拉脱装置应先清零，调整三爪夹头套住拉脱试件。

5.2.2 在试验过程中连续均匀加荷，加荷速度控制在130N/s～260N/s，在试件断裂时应立即读取最大拉脱力值。

5.2.3 钻制出的试件，应用游标卡尺测量试件断裂处相互垂直的直径尺寸，在试验中，拉脱装置显示屏幕出现异常信号时应立即停止加载，复位后关闭电源。

6 测量及计算

6.1 一般规定

6.1.1 采用拉脱法检测结构混凝土强度前，宜具备下列资料：

a) 工程名称(或代号)及建设、设计、施工、监理单位名称；
b) 结构或构件种类、外形尺寸及数量；
c) 设计混凝土强度等级，原材料应包括水泥品种、粗集料粒径等；
d) 检测龄期，检测原因；
e) 结构或构件质量状况和施工中存在问题的记录；
f) 有关的结构设计施工图等。

6.1.2 拉脱测点数量应符合下列规定：

a) 按单个构件检测时，每个构件上应布置3个测点；
b) 对大型结构或构件，应布置不少于10个测点；
c) 按检测批抽检时，构件抽样数应为10～15个，每个构件应布置不少于1个测点；
d) 按检测批抽样检测时，同批结构或构件应符合下列条件：
   1) 混凝土设计强度等级相同，混凝土原材料、配合比、施工工艺、养护条件和龄期基本相同，构件种类相同，施工阶段所处位置基本相同；
   2) 同一批构件可包括同混凝土强度等级浇筑的梁、板、柱等构件。

6.2 拉脱测量与数值计算

6.2.1 按单个构件检测时，记录每点最大拉脱力 F_i，测量试件断裂处相互垂直的直径尺寸 D_1、D_2，拉脱试件的平均直径、截面积及其强度换算值应按下列公式计算：

$$D_{m,i} = \frac{D_1 + D_2}{2} \tag{1}$$

$$A_i = \frac{\pi \times D_{m,i}^2}{4} \tag{2}$$

$$f_{p,i} = \frac{F_i}{A_i} \tag{3}$$

$$f_{p,m,i} = \frac{1}{3}\sum_{i=1}^{3} f_{p,i} \tag{4}$$

$$f_{p,m,i}^{c} = \alpha f_{p,m,i}^{b} \tag{5}$$

式中：$D_{m,i}$——第 i 个拉脱试件平均直径，精确至0.1mm；

D_1、D_2——第 i 个拉脱试件两垂直向直径，精确至0.01mm；

A_i——第 i 个拉脱试件截面积，精确至0.01mm^2；

$f_{p,i}$——第 i 个试件拉脱强度值，精确至0.01MPa；

F_i——第 i 个拉脱试件测得的最大拉脱力,精确至 1N;

$f_{p,m,i}$——单个构件拉脱强度代表值,精确至 0.01MPa;

$f_{p,m,i}^{c}$——单个构件拉脱强度换算值,精确至 0.1MPa;

α、b——测强曲线系数值,应由试验数据回归确定。

6.2.2 按单个构件检测时以 3 个测点拉脱强度值的平均值作为单个构件拉脱强度代表值 $f_{p,m,i}$,3 个拉脱强度值中最大值或最小值中只要出现一个与中间值之差超过中间值的 15% 时,则取最小值作为单个构件拉脱强度代表值 $f_{p,m,i}$。

6.2.3 大型结构、构件或按检测批抽检,拉脱试件的平均直径、截面积及其试件拉脱强度值应按本规程式(1)~式(3)计算,拉脱强度换算值应按下式计算:

$$f_{p,i}^{c} = \alpha f_{p,i}^{b} \tag{6}$$

式中:$f_{p,i}^{c}$——第 i 个测点拉脱强度换算值,精确至 0.1MPa;

$f_{p,i}$——第 i 个试件拉脱强度值,精确至 0.01MPa。

7 结构或构件混凝土抗压强度换算与推定

7.1 换算

7.1.1 结构或构件中第 i 个测点的混凝土抗压强度换算值,可按本规程第 6.2 节规定计算拉脱试件强度值 $f_{p,i}$,采用专用测强曲线或地区测强曲线换算成第 i 个测点的混凝土抗压强度换算值。

7.1.2 当无专用和地区测强曲线时,按本规程附录 B 的规定验证后,可按本规程附录 C 规定的拉脱法检测混凝土抗压强度换算表进行换算,不得外延,也可按下列测强曲线公式计算:

机制砂:

$$f_{p,i}^{c} = 10.42 f_{p,i}^{1.304} \tag{7}$$

河砂:

$$f_{p,i}^{c} = 12.00 f_{p,i}^{1.124} \tag{8}$$

式中:$f_{p,i}^{c}$——第 i 个测点拉脱强度换算值,精确至 0.1MPa;

$f_{p,i}$——第 i 个试件拉脱强度值,精确至 0.01MPa。

7.1.3 建立专用测强曲线或地区测强曲线应按本规程附录 D 执行。专用或地区测强曲线的抗压强度相对标准差 e_r、平均相对误差 δ 应符合下列规定:

a) 专用测强曲线相对标准差 e_r 不大于 11.0%,平均相对误差 δ 不大于 10.0%;

b) 地区测强曲线相对标准差 e_r 不大于 13.0%,平均相对误差 δ 不大于 11.0%。

7.1.4 相对标准差 e_r、平均相对误差 δ 应按下列公式计算:

$$e_r = \sqrt{\frac{\sum_{i=1}^{n}\left(f_{p,i}^{c}/f_{cu,i} - 1\right)^2}{n-1}} \times 100\% \tag{9}$$

$$\delta = \frac{1}{n}\sum_{i=1}^{n}\left|\frac{f_{p,i}^{c} - f_{cu,i}}{f_{cu,i}}\right| \times 100\% \tag{10}$$

式中:e_r——相对标准差,保留小数点后一位;

n——测点数;

$f_{p,i}^{c}$——第 i 个测点拉脱强度换算值,精确至 0.1MPa;

$f_{cu,i}$——第 i 组混凝土立方体试件的抗压强度,精确至 0.1MPa;

δ——平均相对误差,保留小数点后一位。

7.2 结构或构件混凝土抗压强度推定

7.2.1 结构或构件混凝土抗压强度推定值 $f_{cu,e}$,应按下列规定确定:

a） 按单个构件检测，由拉脱强度值换算的混凝土抗压强度代表值$f^{c}_{p,m,i}$作为该构件的混凝土抗压强度推定值$f_{cu,e}$，按下列公式计算：

$$f_{cu,e} = f^{c}_{p,m,i} \tag{11}$$

式中：$f_{cu,e}$——结构或构件混凝土强度推定值，精确至0.1MPa；

$f^{c}_{p,m,i}$——单个构件拉脱强度换算值，精确至0.1MPa。

b） 对大型结构、构件或按检测批抽检时，混凝土推定强度应按下列公式计算：

$$f_{cu,e} = m_{f^{c}_{p}} - 1.645 s_{f^{c}_{p}} \tag{12}$$

$$m_{f^{c}_{p}} = \frac{1}{n}\sum_{i=1}^{n} f^{c}_{p,i} \tag{13}$$

$$s_{f^{c}_{p}} = \sqrt{\frac{\sum_{i=1}^{n} (f^{c}_{p,i})^{2} - n\,(m_{f^{c}_{p}})^{2}}{n-1}} \tag{14}$$

式中：$f_{cu,e}$——结构或构件混凝土强度推定值，精确至0.1MPa；

$m_{f^{c}_{p}}$——结构或构件测点的强度换算值的平均值，精确至0.1MPa；

$s_{f^{c}_{p}}$——结构或构件测点的强度换算值的标准差，精确至0.01MPa；

n——测点数；

$f^{c}_{p,i}$——第i个测点拉脱强度换算值，精确至0.1MPa。

7.2.2 对按检测批检测的构件，当一批构件的测点混凝土抗压强度标准差出现下列情况之一时，该批构件应全部按单个构件进行强度推定：

a） 该批构件的混凝土抗压强度平均值$m_{f^{c}_{p}}$小于25.0MPa时，标准差$s_{f^{c}_{p}}$大于4.50MPa；

b） 该批构件的混凝土抗压强度平均值$m_{f^{c}_{p}}$在25.0MPa～50.0MPa范围内时，标准差$s_{f^{c}_{p}}$大于5.50MPa；

c） 该批构件的混凝土抗压强度平均值$m_{f^{c}_{p}}$大于50.0MPa时，标准差$s_{f^{c}_{p}}$大于6.50MPa。

7.2.3 结构或构件混凝土抗压强度推定值计算示例参见附录E。

附 录 A
(资料性附录)
拉脱装置测力系统检定/校准记录表

表 A.1 测力系统检定/校准记录表

检定/校准单位:

最大试验力(N)	校准点力值(N)	进程示值(N)				绝对误差(N)	相对误差(%)
		第一次	第二次	第三次	平均值		

检定/校准: 核验: 检定/校准日期: 年 月 日

附 录 B
(规范性附录)
拉脱法测定混凝土抗压强度曲线的验证方法

B.1 当缺少专用测强曲线或地区测强曲线而需采用本规程规定的测强曲线公式时，应在使用前按下列方法进行验证：

a） 按常用配合比配制强度等级为 C10 ~ C80 ，选用本地区不少于 4 个具有代表性的混凝土强度等级，每个强度等级试件不小于 6 组，制作边长为 150mm 的立方体试件，7d 浇水养护后再用自然养护；

b） 采用符合本规程第 4.1 节规定的拉脱法检测装置；

c） 按龄期为 7d、28d、60d 进行拉脱法测试和试件抗压试验；根据每个试件测得的拉脱强度代表值，按本规程附录 C 表查出该组试件的抗压强度换算值 $f^{c}_{p,i}$；

d） 将试件抗压试验所得的强度值 $f_{cu,i}$ 和抗压强度换算值 $f^{c}_{p,i}$，按本规程式(8)计算所得相对标准差 e_r 不大于 15.0% 时，则可使用本规程规定的测强曲线式(6)、式(7)。当相对标准差 e_r 大于 15.0% 时，应另行建立专用测强曲线或地区测强曲线。

附 录 C
（规范性附录）
拉脱法检测混凝土抗压强度换算表

表 C.1 机制砂混凝土抗压强度换算表

单位：MPa

拉脱强度	抗压强度	拉脱强度	抗压强度	拉脱强度	抗压强度	拉脱强度	抗压强度
0.97	10.0	2.20	29.1	3.50	53.4	4.80	80.6
1.00	10.4	2.30	30.9	3.60	55.4	4.90	82.8
1.10	11.8	2.40	32.6	3.70	57.4	5.00	85.0
1.20	13.2	2.50	34.4	3.80	59.4	5.10	87.2
1.30	14.7	2.60	36.2	3.90	61.5	5.20	89.4
1.40	16.2	2.70	38.1	4.00	63.5	5.30	91.7
1.50	17.7	2.80	39.9	4.10	65.6	5.40	94.0
1.60	19.2	2.90	41.8	4.20	67.7	5.50	96.2
1.70	20.8	3.00	43.7	4.30	69.8	5.60	98.5
1.80	22.4	3.10	45.6	4.40	71.9	5.66	100.0
1.90	24.1	3.20	47.5	4.50	74.1	—	—
2.00	25.7	3.30	49.4	4.60	76.2	—	—
2.10	27.4	3.40	51.4	4.70	78.4	—	—

表 C.2 河砂混凝土抗压强度换算表

单位：MPa

拉脱强度	抗压强度	拉脱强度	抗压强度	拉脱强度	抗压强度	拉脱强度	抗压强度
0.85	10.0	2.30	30.6	3.80	53.8	5.30	78.2
0.90	10.7	2.40	32.1	3.90	55.4	5.40	79.9
1.00	12.0	2.50	33.6	4.00	57.0	5.50	81.5
1.10	13.4	2.60	35.1	4.10	58.6	5.60	83.2
1.20	14.7	2.70	36.6	4.20	60.2	5.70	84.9
1.30	16.1	2.80	38.2	4.30	61.8	5.80	86.6
1.40	17.5	2.90	39.7	4.40	63.4	5.90	88.2
1.50	18.9	3.00	41.3	4.50	65.1	6.00	89.9
1.60	20.4	3.10	42.8	4.60	66.7	6.10	91.6
1.70	21.8	3.20	44.4	4.70	68.3	6.20	93.3
1.80	23.2	3.30	45.9	4.80	70.0	6.30	95.0
1.90	24.7	3.40	47.5	4.90	71.6	6.40	96.7
2.00	26.2	3.50	49.1	5.00	73.3	6.50	98.4
2.10	27.6	3.60	50.6	5.10	74.9	6.60	100.0
2.20	29.1	3.70	52.2	5.20	76.6	—	—

附 录 D
(规范性附录)
建立专用或地区混凝土抗压强度曲线的基本要求

D.1 采用钻芯机、金刚石钻磨头、拉脱装置测力系统,应符合本规程第4.1节的要求。

D.2 建立专用测强曲线或地区测强曲线时,混凝土采用的水泥应符合GB 175的规定,砂应符合GB/T 14684的规定,石应符合GB/T 14685的规定,掺和料应符合JTG/T F50的规定,外加剂应符合GB 8076的规定。

D.3 试件准备应符合下列要求:

a) 试模应符合JG 237的规定;

b) 每一混凝土强度等级的试件,应采用同一盘或同一车混凝土中取出均匀装模振动成型,边长为150mm×150mm×150mm的立方体试件;

c) 试件拆模后浇水养护7d,然后按“品”字形堆放在不受日晒雨淋处自然养护;

d) 试件的测试龄期宜分为1d、3d、7d、14d、28d、60d、90d、180d和360d;

e) 对同一强度等级的混凝土,应一次拌和成型;

f) 试件制作数量不少于表D.1的要求。

表D.1 混凝土试件制作数量

单位:组

强度等级	龄期 (d)									合计
	1	3	7	14	28	60	90	180	360	
C15	—	—	2	2	3	2	2	2	2	15
C20	—	—	2	2	3	2	2	2	2	15
C30	—	—	2	2	3	2	2	2	2	15
C40	—	—	2	2	3	2	2	2	2	15
C50	2	2	2	2	3	2	2	2	2	19
C60	2	2	2	2	3	2	2	2	2	19
C70	2	2	2	2	3	2	2	2	2	19
C80	2	2	2	2	3	2	2	2	2	19
C90	2	2	2	2	3	2	2	2	2	19
C100	2	2	2	2	3	2	2	2	2	19

注:28d龄期3组,其中1组标准养护,供强度等级验证

D.4 试件测试应符合下列规定:

a) 到达某一规定龄期时,取出两组同等级试件,一组试件钻制拉脱试件,另一组试件进行抗压试验;

b) 记录每个拉脱试件试验得到的最大测试力 F_i,测量试件断裂处相互垂直的直径尺寸 D_1、D_2,计算混凝土拉脱强度 $f_{p,i}$,精确至0.01MPa;

c) 抗压强度试验应符合GB/T 50081的规定,连续均匀加荷至破坏,计算抗压强度值,精确至0.1MPa。

D.5 测强曲线计算应符合下列规定：

a) 关于数据整理汇总，应将测试所得的拉脱试件强度和试件抗压强度值按表 D.2 记录汇总；

表 D.2 混凝土拉脱—抗压强度记录表

试验单位： 成型日期： 第 页，共 页

试验编号	混凝土强度等级	龄期(d)	拉脱试件								立方体试件		
			拉脱试件编号	拉脱力(N)	直径1(mm)	直径2(mm)	平均直径(mm)	面积(mm^2)	单个拉脱强度值(MPa)	拉脱强度取值(MPa)	立方体试件编号	单个抗压强度值(MPa)	立方体抗压强度取值(MPa)
备注													

试验： 复核： 日期： 年 月 日

b) 对数据进行回归分析、误差计算。测强曲线的相对标准差 e_r、平均相对误差 δ，应按本规程式(9)、式(10)计算。

D.6 测强曲线误差符合本规程第 7.1.4 条的要求，可作为地区或专用测强曲线。

D.7 混凝土抗压强度换算值可根据回归测强曲线按系列拉脱强度代表值计算，列出“测点混凝土抗压强度换算表”，供速查使用。

D.8 测点混凝土抗压强度换算表仅适用于在建立测强曲线的立方体试件强度范围内，不得外延。

附 录 E
（资料性附录）
结构或构件混凝土抗压强度推定值计算示例

E.1　单个构件检测推定，在结构或构件上有 3 个测点，测试数据如表 E.1 所示。

表 E.1　单个构件检测推定

测点号	F_i (N)	D_1 (mm)	D_2 (mm)	$D_{m,i}$ (mm)	A_i (mm^2)	$f_{p,i}$ (MPa)	$f_{p,m,i}$ (MPa)	$f^c_{p,m,i}$ (MPa)	$f_{cu,e}$ (MPa)
1	6 688	44.20	44.10	44.2	1 530.91	4.37	3.98	63.1	63.1
2	5 833	44.70	45.00	44.9	1 579.84	3.69			
3	6 079	44.70	44.80	44.8	1 572.81	3.87			

注：1. 换算值计算，是将拉脱强度值代入测强曲线公式计算换算值强度为（以细集料为机制砂为例）：

$$f^c_{p,m,i} = 10.42 f_{p,m,i}^{1.304} = 10.42 \times 3.98^{1.304} = 63.1 (MPa)$$

2. 该构件推定强度为：63.1MPa。
3. 河砂的强度推定过程同机制砂

E.2　对大型结构或构件、按检测批检测构件，测点数等于或大于 10 个时，测试数据如表 E.2 所示。

表 E.2　大型结构或构件、按检测批抽检推定

测点号	F_i (N)	D_1 (mm)	D_2 (mm)	$D_{m,i}$ (mm)	A_i (mm^2)	$f_{p,i}$ (MPa)	$f^c_{p,i}$ (MPa)	$m_{f^c_p}$ (MPa)	$s_{f^c_p}$ (MPa)	$f_{cu,e}$ (MPa)
1	3 460	43.80	43.80	43.8	1 506.74	2.30	30.9	33.6	4.58	26.1
2	4 129	43.80	43.80	43.8	1 506.74	2.74	38.8			
3	3 548	43.80	43.80	43.8	1 506.74	2.35	31.7			
4	3 157	43.80	43.80	43.8	1 506.74	2.10	27.4			
5	3 636	43.80	43.80	43.8	1 506.74	2.41	32.8			
6	3 075	43.80	43.80	43.8	1 506.74	2.04	26.4			
7	3 398	43.80	43.80	43.8	1 506.74	2.26	30.2			
8	4 396	43.80	43.80	43.8	1 506.74	2.92	42.1			
9	4 209	43.80	43.80	43.8	1 506.74	2.79	39.7			
10	3 894	43.80	43.80	43.8	1 506.74	2.58	35.9			

注：1. 换算值计算，是将拉脱强度值代入测强曲线公式计算换算值强度为（以细集料为机制砂为例）：

$$f^c_{p,m,i} = 10.42 f_{p,m,i}^{1.304} = 10.42 \times 2.30^{1.304} = 30.9 (MPa)$$

2. 该批混凝土推定强度应按下式计算：

$$f_{cu,e} = m_{f^c_p} - 1.645 s_{f^c_p}$$

换算强度平均值 $m_{f^c_p} = 33.6MPa$，标准差 $s_{f^c_p} = 4.58MPa$。

该检测批结构或构件强度推定值为：$f_{cu,e} = 33.6 - 1.645 \times 4.58 = 26.1 (MPa)$。

3. 河砂的强度推定过程同机制砂

DB 53/T 715—2015